我的私人花园

水养植物养护指南

犀文图书 编著

U0380716

中国农业出版社

前 言 PREFACE

如今现代都市的生活节奏快、生活压力大，人们渴望呼吸到些许自由的新鲜空气，那么闲暇时不妨观观花赏赏鱼，能舒缓紧张的生活气息，让紧绷的神经得以放松。可是很多人又觉得养花很麻烦，要浇水还要除虫；养鱼亦是，要喂养还要换水，那么，试试水养植物吧。

水养植物生命力强，操作方法简单，易于打理，不易滋生蚁虫，还比普通土培盆栽更清雅。它不但没有土培盆栽管理烦琐、笨重、滋生蚁虫等缺点，还可在器皿中饲养金鱼，集观花赏鱼于一体，清洁方便，令人赏心悦目，既是居家生活中绿化、美化的绝佳搭配，又可广泛应用于各类公共场所的室内装饰，更是最为时尚的馈赠礼品。

为了让植物爱好者进一步了解、欣赏以及护理水养植物，本书介绍了水养植物所用到器皿及工具，常见的观赏植物的别名、形态特征、习性、水养方法及后续护理方法等方面的知识。读者们还可根据它们的花语对其进行摆放布置，充分享受水养植物的乐趣。

本丛书共分四册：《观花植物养护指南》、《观叶植物养护指南》、《水养植物养护指南》和《多肉植物养护指南》，是家庭植物种植爱好者的好帮手。

目 录 CONTENTS

Part 1 水养植物的概述

水养植物的概念

水养植物,即是不用土壤作为培植基质,而是直接用清水、营养液附加其他基质培植的植物。

水养植物实质是通过技术处理（繁殖培育、驯化促根、水生培养等），从而使其适应水生环境，能在水中萌发新根系，得以健康成长，并能够为人们长期观赏。

但，并不是所有植物都适合进行水养，一般生长环境为潮湿地或沼泽地的植物较为容易适应水生环境，能在水中萌发新根。

常见的家居水养植物有以下品种：

百合科：富贵竹、百合竹、芦荟、条纹十二卷、虎尾兰、吊兰、风信子等；

景天科：燕子掌、莲花掌、落地生根等；

仙人掌科：仙人球、仙人柱、仙人指等；

龙舌兰科：龙舌兰、酒瓶兰、香龙血树、巴西铁、巴西美人、星点木、朱蕉等。

天南星科：红掌、白掌、滴水观音、花叶芋、合果芋、金钱树、春羽、绿帝王、金帝王、黑美人、白雪公主、银皇后、玛丽安、水晶花烛、龟背竹、迷你龟背竹、绿萝、黄金葛等；

其他：常春藤、袖珍椰子、棕竹、君子兰、旱伞草、鸭跖草科植物（几乎所有的鸭跖草科的植物都可水养，常见有鸭跖草、紫背万年青、淡竹叶、吊竹梅等）等。

水养植物的选购

在选购水养植物时要留心观察，以免购买到劣质的水养植物。一般主要通过观察以下三点来选购：

一、看整棵水养植物的长势是否匀称、健壮，其生长是否茂盛，其叶片是否挺立（特别是对乙烯敏感的草本植物，经诱导后其叶片着生角度要比土培的更为平展，即其会因偏上生长而导致角度增大，甚至下垂）、有无萎蔫现象。

二、看水养植物的根系，经驯养后其会从离水面位置大量生出新根系，无根毛，并以须状不定根的方式存在，不像土培的有主根、侧根、毛细根、根毛之分；其色洁白脆嫩，比土培的要偏淡，如黄白色、淡黄色、淡褐色等（特别是较难水养的木本植物（棕竹），定要注意其是否有白色水生根）。

三、看器皿中的培养液是否洁净、有无浑浊现象，有无臭味；若为土洗苗制作的水养植物，器皿中的培养液会因根系暂未能适应水养环境而进行无氧呼吸，排出大量的有毒中间代谢产物，使培养液变浑或变质；若器皿中养鱼，可看鱼是否活泼。

健壮的植枝　　　　　　　白色水生根　　　　　　　活泼的金鱼

水养植物的栽培方式

水养植物主要有两种方式：水培和基质培。

① 水培

水培，即以水为唯一栽培基质，将植物的根系直接浸泡在水或营养液中的栽培方式。此方式可清楚地观察到植物的根系生长，易于吸收，但容易产生氧气不足，使根系腐烂，并且比较难以固定某些株型特殊的植物。

② 基质培

基质培，即以固定材料为栽培基质，由营养液提供水分和养分，将植物栽培在无土的基质中，可与土地一样锚定植株，且经济美观、安全卫生。此方法简单易学，适用于初学者。

水养植物的取材方法

水养植物可根据植物生长和繁殖特性，通过插穗水插法、分株法和脱盆洗根法三种方法取材方法。

一、插穗水插法：按一定的长度剪取插穗直接插入水中促根的方法。此法宜在春秋两季进行（夏季高温根系易腐烂，冬季低温不利生长），适用于原有土培根系不适应水环境的植物，这些植物老根在水中容易腐烂，须长出新根才能适应，如朱蕉。在长度方面的要求如藤蔓植物（黄金葛、常春藤等）一般较长，而像天竺葵、紫鹅绒等可较为短小。

1. 可选择容易生根和成形快的品种，如富贵竹。

2. 剪取营养充足、生长健壮的地上部分或枝条，在离节位下2~3厘米处斜剪一刀，剪口要平。

3. 将其插入水中诱导生根（可用生根粉处理切口，促进生根），并要勤换水，切口、水质和器皿都要保持清洁。

4. 待萌发的新根长至1~2厘米，转入营养液中培养即可。

二、分株法：将成簇丛生的植株带根分离出，或将植物的蘖芽、吸芽、葡匐枝等分切下来水养的方法。

三、脱盆洗根法：选取已成形的盆栽植物，脱盆后先用水洗净根部的基质，再进行水培的方法。此方法适用于较为易养的植物，不宜选择株型太小的植物，刚分株根系较差的可先在固体基质中养护待根系发达后再洗根。

1. 将土培的植物脱盆，去除泥土。

2. 冲洗干净根部的泥土或其他基质。

3. 对根系发达的品种，要剪去1/3~1/2老根、烂根，用消毒液消毒。

4. 将洗净根系的植物放入干净的器皿中用清水养（根系要舒展），并置荫蔽环境，需经常在植株和周围环境喷水，1~2天换一次水，直至长出新根转为常规护理即可。

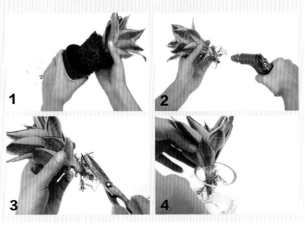

水养植物的常规护理

　　水养植物的基本常规护理就是器皿和植株的清洗、水和营养液的补充更新，再辅之以其他的管理即可获得较好的培养效果。具体的护理方法要点为以下四点：

① 器皿和植株的清洗

　　1.植物水养一定时间后，会出现水质浑浊、滋生青苔、器皿透明度下降、根系上附生黏附物等现象，影响植株的正常生长和观赏性，因此要不定期进行清洗。

　　2.取出植株，用小剪除去根系中的老化根、烂根，并用清水冲净根上黏着的污物、黏状物等。

　　3.在器皿中加入适量玻璃净或洗洁精，也可用0.1%的高锰酸钾溶液清洗、消毒器皿。

　　4.用刷子或布清洗器皿内外壁并用清水冲净。

　　5.换上新鲜水或培养液，将植株放回器皿即可。

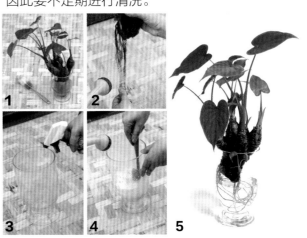

② 水的补充和更新

　　水养植物水位的控制宜低不宜高，根系1/3~1/2没入水中即可，植株的根颈部位切记不要被水淹。培养一段时间后，器皿内水会因吸收和蒸发减少，要适时补充水分。补充新鲜水分也可增加氧气的含量，有益于根系发育。

　　定期或不定期换水也是管理的要点之一，以保持水质的新鲜。培养用水可用泉水、井水等，自来水宜静置一两天后使用，如果用饮用的矿泉水会更好，因为纯净水没有污染、其透明度好，是最理想的水质。换水时间可依培养的具体情况来确定，像富贵竹、白掌、绿霸皇等适应性强，能迅速在老根上长出水生根，而朱蕉、马尾铁等须重新长出水生根后才能适应水环境。一般水养前期需每天换水，以保证水质清洁、氧气充足，待稳定后一般春夏季可每3~5天换水一次，秋冬季每两周换水一次。如果水质纯净、清洁，植株和根系生长良好，也可再延长换水时间，只需补充蒸发的水量即可。

方法

1.缺水的水养植物。

2.给植物补充水分。

3.根系1/3~1/2没入水中即可。

4.补充完水分后的植物。

③ 营养液的补充与更换

　　有些植物生长和开花需要较多养分，需在水中加入营养液以满足其需要。营养液可根据所培养的植物来选购，使用时一定要严格按照说明书上的比例兑水稀释后，掌握宜稀多次用的原则。一般营养液可结合换水时加入，需求量大或换水时期较长，可在中期补充加入。可用静置一两天的自来水来配营养液，有条件的用纯净水来配营养液更好。而根系纤细的植物则不耐施肥，如白花紫露草、鸭跖草、蟆叶海棠、石莲花等，浓度要比较低；根系较粗壮的蔓绿绒等较耐施肥，浓度可高一些；而合果芋等长期不施肥也能正常生长。在季节方面，春秋两季生长旺盛次数应多一些，夏冬两季生长缓慢则应减少。

营养液的选择

1.长茎期，适宜选用氮含量较高的营养液。

2.花蕾期，适宜选用鳞甲含量较高的营养液。

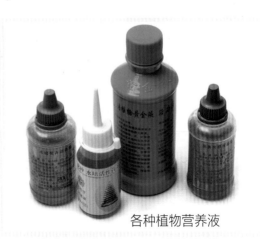

各种植物营养液

补充方法

1.将植物取出，按一定比例向水中滴营养液。
2.将植物重新插入器皿内即可。

叶面肥的使用

　　用清水培养的植物，也可通过叶面施肥来满足其生长开花所需的养分。

1.按要求的比例稀释叶面肥。
2.用喷壶喷在叶面上，要尽量喷到叶背，有利于提高吸收效率，约10天一次即可。

叶面肥

④ 环境要求

　　为植物提供一个良好的温度和合适的光照环境条件，可使水养植物培养时间长，观赏性更好。如夏季高温时可通过叶面喷水来降温，冬季低温可用近距离灯光加温。通过调整摆放位置减少徒长或偏冠现象。剪去枯枝黄叶可有利于植物的生长、减少病虫害的发生。

有黄叶的植物　　　　　　除去黄叶

水养植物的常见问题及解决措施

　　植物水养后，在一定程度上改变了它的生长环境和习性，根系环境易出现供氧不足，导致生长不良、叶片发黄、根系腐烂及水质腐败浑浊等现象。长时间水养，培养液中富含养分，器皿中也易发生长青苔、滋生病虫等现象。特别是在高温高湿的梅雨季节或炎热的夏季发生较多，有时处理不妥，刚洗根不久的植物也有出现。以下为几种常见问题及解决措施：

1 **2**

3 **4** **5**

① 根系腐烂的处理

　　1.根系腐烂的水养植物。

　　2.清洗腐烂的根系，用剪刀剪去所有被侵染部分。

　　3.用800~1000倍多菌灵或托布津，或0.05%~0.1%高锰酸钾溶液清洗或浸泡10~20分种。

　　4.先用清水泡洗，再用药浸泡后的根系。

　　5.将植株放入已洗净的器皿中用清水养护，约1~2天换一次水，待根系生长稳定后，即可在营养液中继续培养观赏。

② 器皿中长青苔、滋生病虫等现象的处理

　　1.一旦被染上青苔等滋生藻类，应立刻倒掉被污染的水溶液，彻底清洗器皿和根系，重新换水或营养液。

　　2.藻类的繁衍需要依赖较好的光照，采用黑色塑料袋或旧报纸等遮住器皿，避免强光照射，可对滋生藻类加以杜绝和控制。

　　3.对已滋生藻类的水养植物，或水中滋生病虫，则只要注意勤换水，保持水质的清洁即可。

滋生青苔的水养植物　　浑浊的水养溶液

Part 2
水养植物的养护工具及使用

水养植物常用器皿

　　凡是能盛水的器皿都可作为水养植物的器皿。但由于金属容易与植物营养液容易发生化学反应，腐蚀器皿，因此不能用金属器皿来盛装水培植物。根据材质的不同，器皿分为以下几类：

一、玻璃器皿

　　玻璃器皿是最理想的水养植物器皿，其规格品种多，造型各异，透明度好，容易清洗。可根据其形状的不同分为以下两类：

高挑器皿类

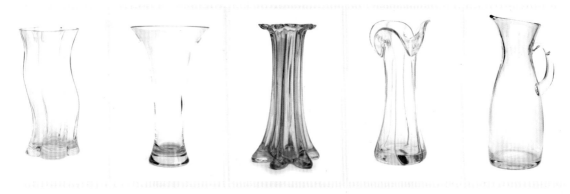

低矮器皿类

二、陶瓷器皿

　　陶瓷器皿具古色古香、形状独特、造型各异、线条流畅等特点，与观赏植物搭配在一起，可展示其典雅、古朴美，极富生活情趣。

其他装饰品

三、塑料器皿

　　塑料器皿造型多样，物美价廉，轻便且透明的塑料器皿也派上了用场。但使用久了，清洗较困难，其透明度不太好。

四、竹木工艺器皿

　　经过防水、防漏处理的天然竹木筒或桶，用于水养植物，有返璞归真之感，让人们的生活更加贴近大自然。

五、家用果盘、饮料瓶等

　　家居器皿造型各异，品种繁多，与植物搭配，会有意想不到的效果。

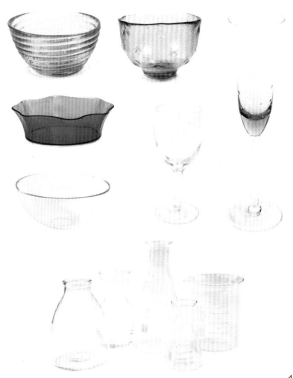

水养植物常用基质及工具

一、基质

水养植物常用固体包括陶粒、石米、卵石、兰石、麦饭石、水晶泥、水晶石等。

陶粒　　　　　　　兰石　　　　　　　麦饭石　　　　　　水晶泥

石米　　　　　　　彩石　　　　　　　卵石　　　　　　　水晶石

二、工具

植篮是大多数水养植物最佳选择，既可固定植株，又可增加水养环境的通透性，不会使植物根茎部位被水淹没引起腐烂。除此外，剪刀、喷头、刷子、喷壶都是水养植物的常用工具。

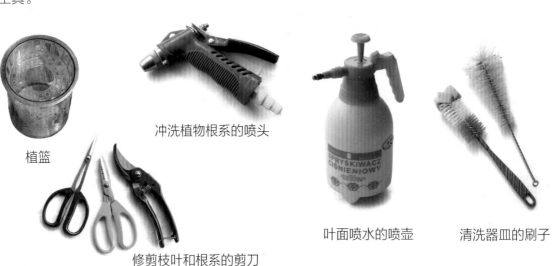

植篮　　　　　　　冲洗植物根系的喷头

叶面喷水的喷壶　　清洗器皿的刷子

修剪枝叶和根系的剪刀

水晶泥的使用方法

水晶泥是采用高分子材料生产制作的，可反复吸收、保持、释放水分及养料，经充分浸泡后能吸收50~100倍水分的用于栽种植物的基质。它无毒无污染，形如水晶，异彩缤纷。在透明器皿中用水晶泥种上植物，根须清晰可见，犹如扎根水晶之中，生机盎然、美妙绝伦，在观赏美丽植物的同时亦可欣赏植物根系的生长过程。

① 植物的选择

水晶泥适宜种植喜欢阴湿、适水性强的室内水养植物，如富贵竹、袖珍椰子、吊兰、观音莲等。

② 器皿的选择

种植水晶泥的器皿不宜过大，一般以容积为250~2 500毫升为宜，适宜栽种矮型室内观叶植物，可单株、双株或多株种植。

③ 水晶泥的浸泡

水晶泥干颗粒需用50~100倍的水浸泡2~4小时。

④ 作品实例

1.选择合适的富贵竹，剪除下面的叶子。

2.在器皿中放入2/3的水晶泥。

3.放入富贵竹。

4.放入剩余的1/3水晶泥作固定即可。

⑤ 作品欣赏

水晶泥玉树

水晶泥单株观音莲

水晶泥吊兰

水晶泥双株观音莲

⑥ 护理方法

1.水晶泥种植后，植物若有部分根系受损烂掉或部分叶片变黄现象，需要及时倒出水晶泥，剪掉烂根并清洗滤干水晶泥后再种植。

2.若水晶泥表面沾有灰尘或较脏，可把表层水晶泥取出，用水漂洗干净，浸泡还原后，晾干表面水分再置入器皿中。

3.水晶泥中的营养成分可供植物生长约半年，使用中可根据植物及植物生长情况，适时添加或更换水晶泥，也可定期添加适量适合植物生长的营养液或纯净水、蒸馏水，但不可加太满致使通气性降低，多余的水应倒掉、滤干。不宜使用自来水，因为自来水含有用于杀菌的氯离子，对水晶泥有漂白作用，使用自来水会使水晶泥加速褪色。

4.约半个月后须喷洒叶面水或叶面肥，但不宜过于频繁，否则叶片容易发黄。

颗粒基质的使用方法

一般颗粒基质都呈碱性，使用之前要用水冲洗干净，用作水养花的固定和装饰材料，特别是根系不漂亮的植物、需要固定的植物。刚播种的木本小植株、棕榈科植物等用颗粒基质来水养也相当有情趣。以下为几种常用基质：

① 陶粒

② 兰石

③ 石米

陶粒是一种人造轻集料，外壳坚硬，表面有一层隔水保气的釉层，内部具有微孔多孔的陶质粒状物。常见的有黏土陶粒，以海泥黏土为主要原料烧成的，无毒、无味、耐腐蚀性好，并具有极好的吸附性，适用于各类水质净化，对微生物的附着生长十分有利、植物无土栽培、盆花、盆景栽培应用非常广泛。

兰石又称火烧土或火山膨长石，用于种植兰花专用，其透气保水性能好，且钾素含量丰富。

石米是天然石材通过加工而成的大小如花生、黄豆的颗粒。

作品欣赏

作品欣赏

作品欣赏

用陶粒固定水养散尾葵

用兰石种养伞树

用石米种养袖珍椰子

④ 麦饭石

麦饭石是一种对生物无毒无害，并具有一定生物活性的矿物保健药石。它具有良好的溶出、吸附性和生物活性等功能。通过麦饭石滤层的水即可成矿化水，用于环保、水质净化和污水处理等。同时也可以吸附重金属离子、铵氮及有害细菌，起到过滤水体和调控水质等作用，也是非常理想的水养植物固定和装饰材料。

作品实例

1. 准备一个小高脚玻璃杯，并在杯内放入少许麦饭石垫底。

2. 放入文竹，加入麦板石将文竹种好。

3. 养植前期加清水养，半个月后改用营养液养。

1

2

3

作品欣赏

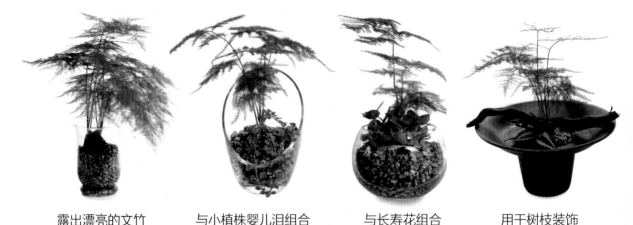

| 露出漂亮的文竹 | 与小植株婴儿泪组合 | 与长寿花组合 | 用干树枝装饰 |

知识引申

文竹又名云竹、文雅之竹。因其叶片轻柔，常年翠绿，枝干有节似竹，且姿态文雅潇洒，故名文竹。文竹为多年生草本植物，茎光滑柔细，呈攀援状，是著名的室内观叶花卉。性喜温暖、湿润及半阴，不耐干旱。

Part3 水养植物的养护实例

富贵竹

别名：万寿竹、距花万寿竹、开运竹、富贵塔、丝带树、山德氏龙血树

形态特征 富贵竹为多年生常绿草本植物。其植株高可达1.5~2.5米以上，茎秆挺拔，叶形似竹，叶色浓绿，全年常绿。

习性

喜阴湿、温暖和半阴环境条件，最适温度为18~28℃，越冬最低温度10℃以上。

花语

花开富贵、竹报平安、大吉大利、富贵一生

养护方法

1.水养方法

（1）枝条水插：剪取生长良好的成熟枝，将插条基部略切成斜口，刀口要平滑，以增大对水分和养分的吸收面积，并将基部叶片除去插入瓶器中，水没过基部1~2厘米即可，约15天即可长出银白色须根。

（2）成株水养：将盆栽的植株连根取出，洗净后，剪除部分老根和残根直接水养即可。

（3）造型水养：幼嫩植株可通过扭枝、弯枝等做成各种形状；成熟茎可裁剪不同长短，经绑扎工艺造型成开运塔，置入浅盆，加清水略淹基部节位即可。

（4）器皿的选择：单枝（株）水养选用的瓶口不宜太大，瓶高约为枝（株）高的1/3；多枝水养时瓶口宜大，将枝条剪成相同长度，斜插与瓶器形成几何构图为好。

2.护理方法

（1）生根后不宜经常换水，水分蒸发后应及时加水，常换水易造成叶黄枝萎。炎热夏季最好用凉开水，以免烂根或滋生藻类。

（2）插入瓶中后，每3~4天换一次清水，可放入几块小木炭防腐，10天内不要移动位置和改变方向。

（3）约每隔3周向瓶内滴几滴白兰地酒，或用500克水溶解半片阿司匹林或一片维生素C，待加水时滴入几滴，可使叶片保持翠绿。

（4）应及时除去烂茎、烂根，并用75%百菌清以1 000倍水溶液浸泡30分钟，再用清水冲洗后继续水养。

（5）为避免叶尖及叶缘干枯，不要置于电视机旁和空调机、电风扇常吹之处。

摆放技巧

富贵竹柔美优雅，姿态潇洒，还可吸收废气，净化空气，枝条水插可置于玄关、转角处等，而小开运塔可置于桌面点缀。

百合竹

别名： 短叶竹蕉

形态特征 百合竹为多年生常绿灌木或小乔木。其松散成簇生长，叶呈线形或披针形，顶端渐尖；叶全缘碧绿光泽，叶面中间有金黄条纹；花较小，白色。

花语

青春永驻、长寿

习性

喜高温、多湿的气候，温暖湿润的半阴环境，耐阴性强，怕烈日暴晒，生长期间宜多向叶面及周围环境喷洒水分。生长适温20~28℃，冬季越冬温度应不低于10℃，温度稍低和空气干燥都会引起叶尖干。

养护方法

1.水养方法

洗净根后，每3~4天换一次清水，可放入几块小木炭防腐，10天内不要移动位置和改变方向，约15天即可长出银白色须根。

2.护理方法

（1）生根后不宜换水，水分蒸发后及时补给即可，若常换水易造成叶黄枝萎、根系腐烂。

（2）最好约每隔3周滴入几滴白兰地酒，加少量营养液；也可用500克水溶解半片阿司匹林或一片维生素C，加水时滴入几滴，可使叶片保持翠绿。

摆放技巧

百合竹叶色殊雅、叶片潇洒飘逸，可置于客厅、会议室、接待室等处。

芦荟

别名：卢会、讷会、象胆、奴会、劳伟

形态特征 芦荟为多年生肉质草本植物。其叶簇生，多呈剑形或长三角形，肥厚多汁，边缘有尖齿状刺，叶色草绿；夏季开花，花序为伞形、穗状、圆锥形等，色呈红、黄或具赤色斑点。

花 语

合作

习性

喜温暖干燥和阳光充足的环境，耐干旱，忌水渍；生长适温15~35℃，约5℃会停止生长，低于0℃会冻伤。

养护方法

1.水养方法

（1）选取株形健壮的芦荟，轻轻倒出，左手轻提根茎，右手轻托根系，并轻轻抖动、拍打，待根部土壤脱落露出全部根系。

（2）用水喷洗根系直至根部完全无土方。

（3）根据植物根系生长情况，适当剪除老根、病根和老叶黄叶。

（4）舒展、捋顺根系，放入已盛有清水的玻璃瓶内，水位没约2/3根系即可。

2.护理方法

（1）整盆或结合换盆用分生侧芽洗根后用清水养，约20天后萌发新根。

（2）芦荟植株叶厚肉多而较重，器皿应选择瓶口与植株大小相匹配，或加定植篮固定。

（3）芦荟喜欢充足阳光，器皿内壁容易滋生青苔，要注意勤换水、及时清洗器皿。

摆放技巧

芦荟肥厚清新，又可有效清除空气中的甲醛、二氧化碳、二氧化硫等有害气体，可置于几案、书桌、窗台、阳台等处。

滋生青苔的器皿内壁

条纹十二卷

别名： 锦鸡尾、条纹蛇尾兰

形态特征 条纹十二卷为多年生肉质草本植物。其呈莲座状生长，无茎；叶片紧密轮生在茎轴上，呈长三角状披针形，极肥厚；叶面光滑、扁平，色深绿；叶背突起，呈龙骨状，色绿，有大的白色疣状突起，排列呈横休纹。

习性

喜温暖，耐半阴，耐干旱；可在直射光下生长，若阳光不充足长势会变弱，叶片缩小。生长适温20~22℃，冬季不可低于5℃。

花语

清秀典雅、和乐圆满

养护方法

1.水养方法

（1）成株式，脱盆洗根水养或剥下母株周围的幼株直接水养。

（2）插水式，剪取基部带上半木质化部分，插于沙床，约20~25天生根后水养。

2.护理方法

（1）待新根长出时，结合换水剪除掉枯萎的老根，需肥量不大，用清水培养即可。

（2）用水晶泥水养效果特好。

（3）植物无明显茎，不耐水湿，水养时宜露头，仅根入水。

摆放技巧

条纹十二卷株型娇小玲珑，清新可人，可用于室内案头陈设或儿童房书架的布置。

虎尾兰

别名： 虎皮兰、千岁兰

形态特征 虎尾兰为多年生草本观叶植物。其高度因品种而异，地下茎无枝；叶簇生，叶片肥厚，叶面有虎尾状横带或斑纹，叶缘有乳白至金黄色纵镶边。

花语

坚定、刚毅

习性

喜温暖湿润，忌曝晒，耐阴，忌水涝；生长适温20~30℃，冬季不能低于10℃。

养护方法

1.水养方法

（1）水养方法：选择叶片完好无病斑植株，根洗净后即可水养；或直接剪几片叶插入水中诱导新根后水养；还可扦插后会长出小芽，取其小芽水养。

（2）器皿选择：长叶虎尾兰配高玻璃瓶，短叶虎尾兰配低矮器皿，小芽配迷你型的器皿，还可用非透明的特色器皿水养。

2.护理方法

（1）一年四季都可进行水养，温度在20℃左右，约10~15天就可萌发白色新根。

（2）水位以叶基接触水面为宜，还可用卵石或彩色水晶石固定植株。

摆放技巧

虎尾兰刚直、醒目，并可吸收室内多种有害气体，特别是甲醛，可用于客厅、书房、厨房等净化空气；其叶还可吸收空气中的水蒸气为自身保湿，可用于卫浴装饰。

吊兰

别名： 垂盆草、挂兰、钓兰、兰草、折鹤兰

形态特征 吊兰为多年生常绿草本植物。具根状茎斜生或平生，肥厚；叶丛生，细长，呈线性，柔韧似兰；花葶从叶丛抽出，细长而弯曲，花小、色白，春夏季开花，花落后成匍匐走茎，顶部萌生出带气生根的新植株。

花 语

朴实、纯洁、淡雅、
天真、希望、宁静

习性

喜温暖、湿润半阴的环境，不耐暑热不耐寒，生长适温15~25℃，冬季不可低于5℃；在高温、高湿条件下能生长出适合水生环境的根系。

养护方法

1.水养方法

（1）器皿选择：最好用透明器皿水养，可欣赏水中耀眼的白色根系。单层器皿是取无底孔的玻璃瓶、塑料瓶直接栽上吊兰。双层瓶，取塑料筛（又称为定植篮）为上层，下层是无底孔瓶器，把吊兰栽于上层塑料筛中，让吊兰根部伸入下层瓶器中。

（2）水养方法：从盆中取出吊兰，洗去泥土，剪去老根、枯黄叶片，然后插入塑料筛中并填入兰石或麦饭石固定，再置宽口透明玻璃瓶中，待生出白色的水养根即可。

（3）分株水养：选择匍匐走茎上有气生根的小吊兰，几天后即可萌发雪白的新根。

2.护理方法

（1）底部1/3根系接触水面即可，切忌把白色肉质根全部没入水中，会积水导致烂根。

（2）水养初期每天要换一次水，生根后减少换水次数。

（3）放置于光线较好的地方有利于新根萌发。

摆放技巧

吊兰四季常绿，又具极强的吸收有毒气体的功能，可净化一氧化碳、二氧化碳、甲醛等有毒气体，可置于卧室、几案、书柜、电脑桌的装饰。

银边吉祥草

别名： 白纹草

形态特征 银边吉祥草为多年生草本植物。其根茎匍匐，有白色短肥的发达地下块根，生性强健，非常适合水养。叶密簇丛生，呈条状披针形，色翠绿并镶有白边，与吊兰极为相似；花小而多，色粉红；浆果，成熟后鲜红色。

花语

温暖

习性

喜温暖、湿润的半阴环境，不耐寒，生长适温20~28℃，冬季15℃以下叶片枯萎而脱落，进入休眠。

养护方法

1.水养方法

（1）在春夏季气温回升时，待地上部分萌发新芽。

（2）洗净根后即可用营养液分株水养，水位没根系1/3即可。

2.护理方法

（1）夏季改营养液为清水，约3~5天换一次水，以免烂根；需充分浇水及喷雾。

（2）随时剪去枯黄的老叶。

（3）若根系腐烂，要尽快进行清洗处理。

摆放技巧

银边吉祥草青翠优美，又可吸收各种有害气体，特别是对甲醛有超强的吸收能力，可置于案头、花架、窗台、浴室、卫生间、梳妆台、电话机旁及装饰柜等处装饰，加上金鱼更加高雅。

风信子

别名： 西洋水仙、五色水仙、时样锦等

形态特征 风信子为多年草本球根类植物。其具地下鳞茎球形，外皮白色或紫色，有光泽，色泽常与花色相关；叶基生，带状披针形，厚肉质；花序端庄，色彩绚丽，浓香，花色有红、蓝、白、粉等。

习性

喜阳光或半阴环境，忌水涝；其鳞茎根系生长适温2~6℃，贮藏适温20~28℃，最适宜温度为25℃，可促进花芽分化，可耐受短时霜冻；芽萌动适温5~10℃；叶片生长适温5~2℃；蕾开花期适温15~18℃。

花 语

喜悦幸福、浓情蜜意

养护方法

1.水养方法

（1）催根处理，水培种植时期应在预期开花前约60~70天进行，将准备栽培的球茎先用8~10℃的低温在黑暗或弱光条件下催根，将种球放在吸水饱满的棉布或海绵上面，让球基部保持湿润，切勿将种球鳞片部分埋于湿物中，否则易引起球茎霉烂，约10天后，种球基部即将出现白根，待白根长出1~2厘米，即可水养。

（2）选择器皿：可用水仙浅盆、玻璃器皿或有一定造型的塑料透明器皿，也可用普通的茶杯、酒杯、牛奶瓶等玻璃器皿。

2.护理方法

（1）水位离球茎的底盘要有1~2厘米的空间，让根系得以透气呼吸，忌将水加满没过球茎底部。

（2）水养后最好放入室内通风透光处，保持室温15℃左右，可延长花期。

（3）用清水养，每7天换一次水；用营养液养则视浑浊程度，约每15~20天更换一次营养液，保持瓶内水质的清洁。

摆放技巧

风信子株形奇特、花色艳丽、香味袭人，可置于书房、窗前装饰。

玉树

别名： 景天树、翡翠树、玻璃翠

形态特征 玉树为多浆肉质亚灌木。其茎呈圆柱形，有节，色灰绿；叶片肥厚肉质，呈阔椭圆形，叶色浓绿，富有光泽，照光后叶缘会变为红色。

花语

如意吉祥、财源滚滚

习性

喜温暖干燥、阳光充足的环境，忌强光，耐半阴，在明亮散射光条件下生长最佳，不可低于7℃生长。

养护方法

1.水养方法

（1）直接脱盆洗根后水养，不适合剪枝条水插。

（2）其根系欠发达，地上部分宽大，有些头重脚轻，器皿底部可用卵石、彩石固定。

2.护理方法

（1）夏季不能用营养液养，直接用清水养，每3~5天换一次水。

（2）置于光线较好的室内环境，否则叶片会脱落。

摆放技巧

玉树四季常青、枝叶丰满，可用于点缀室内案头、茶几、书桌等处，也可用于室外阳台、庭园花架及装饰桌等处的装饰。

莲花掌

别名： 莲座草、石莲花

形态特征　莲花掌为多年生无茎多肉草本。其根茎粗壮，并有匍匐茎；叶片呈莲座状排列，肥厚如翠玉，叶丛紧密，直立成莲座状，如池中莲花，叶楔状倒卵形，顶端短、锐尖，无毛、粉蓝色；花茎柔软，有苞片，具白霜，8~24朵花成聚伞花序，花冠红色，花瓣披针形不开张，花期为7~10月。

花 语

多才多艺、勤劳、优雅

习性

　　喜温暖干燥和阳光充足环境，耐半阴，不耐寒，怕积水，忌烈日，过于阴暗会使植株徒长；最低温不可低于5℃。

养护方法

　　1.水养方法

　　（1）直接脱盆洗根后水养。

　　（2）摘一片叶子或一段匍匐茎，插入河沙中，约15~20天萌发新根，长出小植株。

　　2.护理方法

　　（1）莲花掌不耐湿，植株宜离水水培，只要根系伸入水中即可。

　　（2）炎热夏季和严寒的冬季宜用清水莳养，春秋季宜用低浓度的营养液培植。

　　（3）需放置于光线较好处，若长期置于荫蔽处，易徒长而叶片稀疏。

摆放技巧

莲花掌姿态秀丽，可吸收甲醛等物质，净化空气，还可吸收辐射，适宜置于电视、电脑旁点缀。

翡翠珠

别名： 绿之铃、珍珠吊兰、情人泪、佛珠吊等

形态特征 翡翠珠为多年常绿匍匐生多肉草本植物。其茎纤细，叶互生，圆如豌豆，色深绿，肥厚多汁，叶身中央呈半透明状。每年约10月份会开白色或褐色的小花，花蕾呈红色的细条。

花 语

神秘浪漫

习性

喜凉爽的环境，忌高温高湿、干旱，生长适温15~22℃，最低不可低于5℃。

养护方法

1.水养方法

（1）用水插法，一周左右可萌发新根。

（2）因其茎叶下垂，多肉汁较重，可在高脚瓶口固定支撑后，改用营养液或清水培养，也可用麦饭石来固定水养。

2.护理方法

（1）冬日寒冷时，注意防寒。

（2）夏季为休眠期，要停止添加营养液，并避免阳光直射。

摆放技巧

翡翠珠置高处时，圆润的叶片恰似一串串风铃随风舞动，生动活泼，又具极强的吸收有毒气体功能，可净化空气，适宜置于儿童书架、休闲厅的花架处装饰。

仙人掌

别名： 沙漠植物

形态特征 仙人掌为多年生多肉类植物。其茎肉质肥厚，储藏多量水分和养分；花色鲜艳，形状奇特多样，有圆的、有扁的，或高、或矮，有的长条条，有的软乎乎，也有柱形直立似棒或短柱垒叠成山的。

花 语

坚强刚毅、时尚华贵

习性

喜温暖、干燥和阳光充足的环境，耐干旱，不耐低温，生长适温20~30℃，生长期要有昼夜温差，最好白天30~40℃，夜间15~25℃。

养护方法

1.水养方法

（1）将成形植株用洗根法水养，一般不采用水插法水养。

（2）其肉质茎较沉重，要用厚重而稳定的玻璃器皿栽种，可防止植株倒伏。

2.护理方法

（1）要经常清洗器皿和根系，以免滋生青苔；但其根系瘦弱、生长缓慢，清洗时要特别小心，别弄断根系。

（2）夏季每7天换一次水，其他季节则可根据情况延长换水时间（换水时水不能淋到仙人球的顶部，以免腐烂）。

（3）冬季不用营养液，用清水养即可。

摆放技巧

仙人掌类形状各异，可置于儿童书架、电脑桌、几案等处欣赏，还可吸收甲醛、二氧化硫及氟化氢等有害气体，增加空气中的负氧离子浓度，可用于客厅、办公室等处的装饰。

沙漠玫瑰

别名： 天宝花

形态特征 沙漠玫瑰为多肉灌木或小乔木。其树干肿胀，茎粗基部膨大；叶片呈椭圆形，多聚生在树枝的末端，叶色深绿，有光泽；花形如漏斗，长于枝条末端，花色丰富。

花 语

爱你不渝

习性

　　喜高温干旱、阳光充足的环境，不耐荫蔽，忌涝，忌浓肥、生肥，畏寒冷，冬季会落叶，生长适温25~30℃。

养护方法

　　1.水养方法

　　春夏季时选择株形好的迷你型植株，剪除老根，用颗粒固定植株水养。

　　2.护理方法

　　（1）冬季叶片脱落，应放在暖和处，用清水养，待春季新叶长出后，改用营养液养。

　　（2）夏季每7天换一次水，其他季节则可延长换水时间。

摆放技巧

沙漠玫瑰株型奇特、花朵鲜艳，可置于有明亮光线的书桌、电脑桌、窗台等处。

非洲霸王树

别名： 马达加斯加棕榈

形态特征 非洲霸王树为乔木状多肉植物。其主干多刺，茎干肥大挺拔，圆柱形，表皮呈褐色，密生三枚一簇的硬刺，较粗稍短；叶簇生于茎顶端，色深绿，广线形，尖头，叶柄及叶脉淡绿色；花色白。

花 语

天真率直

习性

　　喜温暖干热和阳光充足的环境，耐高温干旱，稍耐半阴，不耐寒，生长适温20~25℃，温度不能低于15℃。

养护方法

　　1.水样方法

　　（1）选娇小玲珑的植株，因根部瘦小，器皿底部需用几块卵石装饰。

　　（2）待水养15~20天萌发新根后，用营养液水养。

　　2.护理方法

　　（1）其茎干肉质化、根系不发达，较大型的植株可用颗粒基质来固定。

　　（2）夏季每7天换一次水，其他季节则可延长换水时间。

摆放技巧

非洲霸王树肉质茎上的气孔白天关闭，夜间打开后能吸收二氧化碳，净化空气，同时还能制造氧气，增加室内空气中的负离子浓度，适宜置于有空调的房间。

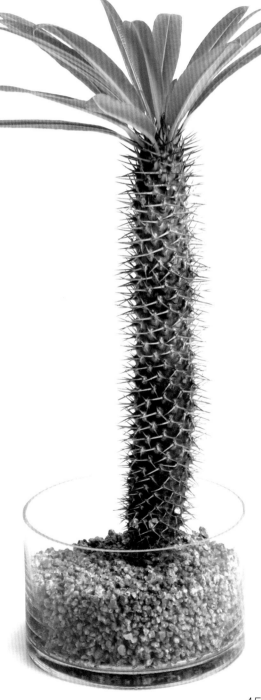

龙舌兰

别名： 龙舌掌、番麻

形态特征 龙舌兰为多年生常绿大型肉质草本植物。其植株高大，无茎，单叶，簇生披针形；叶肥厚，基生叶宽带状，叶色灰绿或蓝灰，被白粉，先端具硬刺尖，边缘具勾刺。其园艺品种有金边龙舌兰、金心龙舌兰、狭叶龙舌兰、白缘龙舌兰等，都非常适宜水生环境。

花语

为爱付出一切

习性

　　喜温暖干燥和阳光充足的环境，稍耐寒，耐阴，耐旱力强，生长适温15~25℃，冬季温度不低于5℃。

养护方法

　　1.水养方法

　　（1）选株型优美、叶片完好无斑的植株用清水养即可。

　　（2）结合换盆，剥下母株旁的蘖芽水养，约15~20天即可萌发白色水生根。

　　2.护理方法

　　（1）因其株型宽大、叶片肥厚，要配以稳重而厚实的器皿水养。

　　（2）炎热的夏季每3~5天换一次水，其他季节可约15天甚至更长时间换一次水。

　　（3）要常用清水擦洗叶面尘埃。

摆放技巧

龙舌兰叶片坚挺美观、四季常青，用迷你玻璃器皿培植可用于点缀居室的台面，显得别具一格。

酒瓶兰

别名： 象腿树

形态特征 酒瓶兰为常绿观叶小乔木。其茎干直立，基部膨大如酒瓶，茎干具有厚木栓层的树皮，且龟裂成小方块，呈灰白色或褐色；叶片顶生于茎顶而下垂似伞形，细长线状，叶缘具细锯齿，革质，婆娑而优雅；花小色白，10年以上的植株才能开花。

花　语

落落大方

习性

　　喜阳光充足的环境，夏季忌强光直射，须遮阴，耐高温，耐寒力强，生长适温16~26℃，室温约10℃，越冬温度为0℃。

养护方法

　　1.水养方法

　　（1）选择健壮、端正的单头酒瓶兰或有多个顶芽的迷你植株，用脱盆洗根法水养。

　　（2）剪除其老根，在瓶底垫一些小石块，约20~25天会萌发出白色新根。

　　2.护理方法

　　（1）植株的1/2或3/4根系没入水即可，不要整个球状茎被水淹没。

　　（2）若气温低于5℃，须采取防寒保护措施，防止冻伤。

摆放技巧

　　酒瓶兰以迷你器皿搭配小型植株，置于案头、台面优雅清秀，以大而高挑的中大型器皿水养，则可置于厅堂、会议室、会客室等处，增添热带风情。

香龙血树

别名： 山海带

形态特征 香龙血树为直立单茎灌木。其树干粗壮，茎秆直立，不分枝或少分枝，株形圆头状，茎上叶痕明显，有苍劲感；叶片带状丛生于茎秆顶端，呈宽线形，无柄，叶缘具波纹，革质，叶色浓绿、油亮。

花 语

坚贞不屈，坚定不移，
长寿富贵，吉祥如意

习性

喜高温多湿和阳光充足的环境，耐阴，较耐强光，老叶在弱光下会更加深绿苍翠，置室内光线一般处可摆6~24个月，不耐低温，生长室温20~30℃，低于12℃以下叶片易受伤。

养护方法

1.水养方法

（1）选株型端正、叶片浓绿的香龙血树洗根，并剪除部分老根。

（2）将洗好根的植株配上定植篮，并填充满兰石。

（3）将植篮放到已剩水的高脚玻璃器皿中水养促根，植株系没过水为宜。

（4）若要养鱼，可在器皿中加入3~5滴营养液，加水后放入鱼，再固定好植篮。

2.护理方法

（1）若要养鱼，最好春秋两季，夏冬季不宜养鱼；且要选择耐热、抗寒的鱼类，如中国斗鱼、红剑、食蚊鱼、斑马鱼等；养鱼也要增加换水频率，一般在换水的第一天喂鱼饲料，饲料量为单独养鱼的一半；器皿中最好放一些贝壳、彩石或水草，可为鱼创造栖息的环境，吸附水中杂质，提高清晰度。

（2）夏季改营养液为清水养，且要勤换水。

摆放技巧

香龙血树叶片姿姿飘逸，花鱼共赏的水养香龙血树极富活力，可置于客厅玄关、沙发转脚的茶几等处欣赏。

巴西铁

别名： 香龙血树、香千年木

形态特征 巴西铁为常绿乔木。其茎干挺拔，可截成长度不等的茎段；叶大而条形，簇生于茎顶，尖稍钝，弯曲成弓形，叶缘鲜绿有光泽，呈波浪状起伏，叶面有亮黄色或乳白色的条纹；花小色绿，有芳香。

花 语

步步高升

习性

喜高温多湿和明亮光线的环境，耐阴、耐干燥，生长适温20~30℃，冬季最低不低于5℃。

养护方法

1.水养方法

（1）截取茎秆方式，将基部插入河砂，待30~50天后会长出新根，再用营养液培养。

（2）截取一段茎方式，切口要平滑，上端切口最好先涂上蜡，以防水分散发，再将其放入2~3厘米深的水中即可，约每隔10天换一次水，以保持水的清洁。

（3）可直接分取有根的小芽水养。

2.护理方法

（1）用非透明器皿加卵石、石子固定基部，待白色根长至3~5厘米后，再改用透明器皿。

（2）叶面要经常喷水，保持较高的空气湿度，气温低于13℃要防寒，以免叶片干枯。

摆放技巧

巴西铁株型优美，叶片绿而有光泽，置于茶几、办公台、接待室等处既质朴又高雅，使环境更有生机。

巴西美人

别名： 缟叶竹蕉、金边龙血树

形态特征 巴西美人为多年生木本观叶常绿乔木。其茎木质化，灌木状；枝叶层次分明，叶片宽大而挺拔，叶色深绿有光泽，叶片中间有黄色阔条纹。

花语

步步高升、大展宏图

习性

喜光照充足、高温高湿的环境，耐阴、耐干燥，在明亮的散射光的环境中生长良好；生长适温10~35℃，冬季不可低于5℃。

养护方法

1.水养方法

（1）整盆洗根后水养，或分株或插枝均可（但因其叶片婆娑，单枝水养效果更佳）。

（2）约20天生根后，用营养液水养。

2.护理方法

（1）炎热的夏季要用清水养，叶面需经常喷水。

（2）用含磷、钾较高的营养液水养，可使叶色更鲜艳。

（3）喷含磷、钾较高的叶面肥，可使其色彩艳丽。

（4）若温度太低，叶尖和叶缘会出现黄褐斑，因此冬季尽量使其休眠，休眠温度为13℃。

（5）应置于光线充足处，光钱太弱，叶片上的斑纹会变绿、基部叶片黄化。

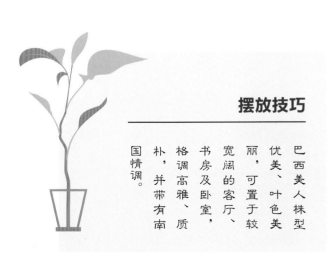

摆放技巧

巴西美人株型优美、叶色美丽，可置于较宽阔的客厅、书房及卧室，格调高雅、质朴，并带有南国情调。

星点木

别名： 星点千年木、星虎斑木 、吸枝龙血树

形态特征 星点木为常绿灌木植物。其株型直立，基部长数支干茎，细而挺拔；叶片对生或三叶轮生，呈椭圆状披针形或长卵形，中肋有一条乳白色的斑带，斑带两面侧浓绿色的叶面上镶有许多大小不规则的乳白色的斑点，叶片微带蜡质；花期为夏季，总状花序，有香味，花小呈长筒状，花落后科结红色浆果。

花语

富贵、吉祥

习性

喜高温高湿、明亮光照的环境，生长适温16~25℃，冬季温度不能低于5℃。

养护方法

1.水养方法

（1）整株、分株或剪取枝条水插培养均可，水插约15天会生根。

（2）可与其他植物搭配进行组合水养。

2.护理方法

（1）夏季根系易腐烂，需勤换水，用自来水莳养较好。

（2）要经常喷水保湿或喷叶面肥。

（3）置于明亮光线处，叶色更加美丽。

（4）用含磷、钾较高的营养液水养，叶斑会更鲜艳。

（5）夏季遮阴为好，春秋有适当光照，叶色会更鲜亮。

摆放技巧

星点木枝条纤细，在灯光的照射下，繁星点点的叶片非常明艳夺目，可用于点缀室内窗台、装饰柜、花架及茶几，也可用于装扮酒吧、咖啡厅及宴会厅等。

朱蕉

别名： 小铁树、红叶铁树、铁莲草、朱竹

形态特征 朱蕉属为常绿低矮小灌木。其主茎挺拔，不分枝或少分枝，地下部分具发达匍匐根茎，易发生萌桑；叶密生于茎顶，呈披针形，色绿，无叶柄；根系色白且较发达；花淡红色至青紫色，间有淡黄。同属的短密叶朱蕉、二色朱蕉、迷你红边朱蕉等品种都可水养。

花语

热忱、坚毅

习性

喜高温高湿气候，喜明亮光线，耐寒性较强，生长适温20~25℃，冬季不能低于5℃。

养护方法

1.水养方法

（1）直接洗根后水养，器皿底部可配以卵石装饰。

（2）剪取植株水插，15~20天即可生根。

2.护理方法

（1）要经常对叶面喷雾，保持较高的空气湿度。

（2）炎热的夏季用清水莳养为好。

（3）若根系腐烂，应用0.05%~0.1%高锰酸钾溶液清洗或浸泡10~20分种后，再用清水洗净后清水养。

（4）用含磷、钾较高的营养液水养，可使叶色更鲜艳。

摆放技巧

朱蕉色彩华丽，可置于儿童书架、窗台、电脑桌、橱窗等处装饰。

红掌

别名： 安祖花、火鹤花、红鹤芋、红鹅掌、花烛

形态特征 红掌为多年生常绿草本植物。其茎极短，是典型的半肉质须根系，在潮湿环境下能长出大量气生根；叶从根茎抽出，具长柄，单生、心形，叶脉凹陷，厚实鲜绿；花苞硕大，呈佛焰形，肥厚具蜡质，色泽鲜艳，花蕊长而尖。

花语

大展宏图、热情、热血

习性

喜温热多湿的半阴环境，喜阳光但忌阳光直射，不耐寒；生长适温20~30℃，最高温度不宜超过35℃，低于10℃则会冻伤。

养护方法

1.水养方法

（1）选择株形美观而开花的红掌，去除花盆和泥炭，洗净根系。

（2）剪除黄页和残根，用0.1%的高锰酸钾溶液浸泡15分钟作消毒处理，再洗净。

（3）将植株放入器皿中，加入清水至淹没根系2/3，半个月后改用营养液培养。

2.护理方法

（1）一次很难洗净根毛上的基质残渣，可结合日常养护逐步洗净，切不可强行洗刷而损伤根系。

（2）根系一般不作修剪，可根据水养后的情况，只对过长的根系稍作短剪。

（3）一年四季应多次进行叶面喷水，花谢后剪掉残花，喷叶面肥，以保证其正常生长。

（4）红掌加入营养液培养可使叶保持生机，促进连续开花。

（5）红掌要求平稳的水温，换营养液时水温温差不宜过大。

摆放技巧

红掌花苞灿烂，有大展宏图之意，适宜用作客厅、会议室、接待室、书房的装饰，还可美化柜架、橱窗。

白掌

别名： 苞叶芋、白鹤芋、一帆风顺

形态特征 白掌为多年生草本植物。其茎短，根系发达，洁白如玉，适用透明玻璃器皿水养；叶基生，叶阔呈披针形，叶脉明显柄细长，色翠绿；花葶直立，花梗长，佛焰花序苞片初时绿色后转白色，花序形似手掌。

花 语

一帆风顺

习性

喜高温高湿的环境，耐低温，耐阴，生长适温15~18℃，冬季不能低于10℃。

养护方法

1.水养方法

（1）取用盆栽植株或从分蘖中分株，洗清根系，剪除部分老根、残根。

（2）将茎基部插入湿沙或直接插入水中诱导新根，待7~10天后可萌发新根。

2.护理方法

（1）花朵凋谢后，剪去残花，经常更新营养液或喷叶面肥，可长期培养观叶。

（2）夏冬两季改用低浓度的营养液或清水莳养，而夏季还需保证空气湿度在50%以上。

摆放技巧

白掌给人以轻盈飘逸的感觉，又能对空气中的甲醛、苯、氨和丙酮等有害气体进行过滤，还具有："一帆风顺"的好寓意，适宜置于客厅、会议室的几案或花架、书架、图书阅览室等处。

滴水观音

别名： 海芋、天芋、观音莲、羞天草

形态特征 滴水观音为多年生直立草本植物。其茎粗壮，叶聚生茎顶，柄长粗大，叶面阔大而近箭形，边缘呈浅波状，色绿，表面稍光亮，叶背色较淡，叶脉明显，肉穗花序。在温暖潮湿条件下，常会从叶尖端或叶边缘向下滴水，开的花像观音，故称为滴水观音。

花语

好运旺来、内蕴清秀

习性

　　喜高温高湿的环境，干燥环境对其生长不利，生长适温20~30℃，最低可耐8℃，冬季室温不可低于5℃。

养护方法

　　1.水养方法

　　（1）直接取盆栽植株洗，尤其茎秆分枝多的，株形美观的滴水观音是水养最好的材料。

　　（2）自植株基部离出土面约5厘米处截干，进行茎秆扦插促根，水位以没过根系2/3为宜。

　　2.护理方法

　　（1）滴水观音茎秆和根系的组织比较疏松，对水质要求较高，要注意保持水清澈、卫生，否则茎秆和根系容易腐烂。

　　（2）炎热的夏季要增加换水次数，空气湿度要不低于60%，要经常喷水，为其创造一个相对凉爽湿润的环境；冬季要保持其叶色浓绿，一般情况下每周要喷温水一次。

　　（3）要经常清洗器皿内壁，以免滋生青苔。

　　（4）滴水观音茎叶中的汁液有毒，护理方法中应注意，不可入口。接触皮肤会引起瘙痒和红肿，应及时用水冲洗，或带上塑料手套操作。

摆放技巧

滴水观音青翠可人，若用大型器皿水养，适宜置于大厅、居室及休闲吧的一角；若小型或迷你型水养则可用于点缀书桌、电脑桌及洗手台等。

花叶芋

别名： 五彩芋、彩叶芋、二色芋

形态特征 花叶芋为多年生常绿草本植物。其茎膨大，呈扁球形；叶卵状三角形至心状卵形，形似象耳，呈盾状着生；绿色叶具有红斑、粉红斑，也有白斑，色彩斑斓，艳丽夺目，佛焰苞白色，肉穗花序黄至橙黄色。主要园艺品种有：叶片白色，叶脉绿色者为"白叶芋"；叶片白色，叶脉红色，称"约翰·彼得"；叶绛红色，边缘绿色称"车灯"等。

花语

神秘

习性

　　喜高温高湿的半阴环境，不耐寒，喜阳光但不宜过分强烈；生长适温18~30℃，最低不可低于15℃，12℃时，叶片会枯黄。

养护方法

　　1.水养方法

　　只适应春夏季水养，夏季用清水养。

　　2.护理方法

　　（1）叶面经常喷水，可使叶色更加艳丽。

　　（2）要及时剪除变黄下垂的老叶，不能用手强行拔，否则影响根系和植株的生长。

　　（3）根系腐烂，应立刻换水，清洗器皿及根系，并用0.05%~0.1%高锰酸钾溶液清洗或浸泡10~20分钟后，再用清水洗净后用清水养。

　　（4）叶柄柔软易折，容易倒伏，可加颗粒基质固定根系和块茎。

　　（5）应置于光线明亮处，若光线不足，叶彩斑会变暗，叶徒长而显软弱。

摆放技巧

花叶芋色彩斑斓，又可增加空气中负氧离子浓度，吸收一定量的甲醛和二氧化硫等有害气体，可置于矮几或桌面上欣赏。

合果芋

别名： 白蝴蝶、长柄合果芋、紫梗芋

形态特征 合果芋为多年生蔓性常绿草本植物。其蔓生性较强，茎常生有气生根；叶呈三角盾形，柄长，下部有叶鞘，初生叶色淡，老叶深绿，且叶质加厚；幼时呈丛生状，后茎伸长为藤本。同属的品种有白蝶合果芋、粉蝶合果芋、金叶合果芋等。

花 语

悠闲素雅、恬静怡人

习性

喜高温多湿的半阴环境，不耐寒，忌干旱，忌暴晒；生长适温15~25℃，低于10℃，叶片会枯黄。

养护方法

1.水养方法

（1）分株后洗根，去除老根、残根后直接水养；也可剪取带气生根的枝条直接水插水养，约10天可萌发新根，不受季节限制。

（2）凡是能盛水的器皿都用，还可悬挂、壁挂培养。

2.护理方法

（1）成长后会慢慢长出飘逸的走茎枝蔓，可牵引在墙壁、窗栏上生长。

（2）作直立型养植欣赏可选叶色鲜艳的白蝶合果芋、粉蝶合果芋、金叶合果芋等的小型植株。

摆放技巧

合果芋清雅多姿，又可吸收甲醛、苯等有害气体，且适养位置不限，可根据不同造型，置于家中任何位置。

金钱树

别名：雪铁芋、金币树、龙凤木

形态特征 金钱树为多年生常绿草本植物，是天南星科极为少见的带地下块茎的常绿种类。其地上部分无主茎，地下部块茎肥大；芽从块茎萌发形成大型复叶，叶轴面壮；小叶在叶轴上呈对生或近对生，肉质，叶柄短小，叶片呈卵形，色深绿，厚革质有金属光泽，叶柄基部膨大，木质化；因其叶片肥厚、排列整齐酷似铜钱而得名。

花 语

招财进宝、荣华富贵

习性

喜暖热略干、半阴及年均温度变化小的环境，较耐干旱，畏寒冷，忌强光暴晒，生长适温20~32℃，冬季不低于10℃。

养护方法

1.水养方法

（1）将整盆植株取出洗根后用雨花石或卵石固定植株，用清水养，2/3根系没水，球茎要露出水面，尤其根茎部分不可浸水。

（2）待15~20天后改用营养液养。

2.护理方法

（1）要及时剪除老弱枝、多余的枝。

（2）用清水或300倍液的啤酒擦洗叶面尘埃，可使叶色油亮。

（3）生长季节，要经常给叶面喷水。

摆放技巧

金钱树苗小巧可爱，可置于桌面欣赏；小、中盆可布置客厅、会议室、接待室等的台面，大盆可与木花座搭配摆放在大厅及过道欣赏。

春羽

别名： 春芋、羽裂喜林芋

形态特征 春羽为多年生常绿草本观叶植物。其茎粗状直立，叶痕明显，气根呈电线状；叶为簇生型，从茎顶向四方伸展，叶柄细长坚挺，叶片巨大鲜浓光泽，呈卵状心脏形，全叶羽状深裂似手掌状，革质；幼时叶片较薄，呈三角形，叶片逐渐变大后，羽裂缺刻愈多且愈深。

花 语

轻松、快乐

习性

喜高温多湿的环境，不耐寒，生长适温18~25℃，冬季能耐2℃低温，但不可低于5℃。

养护方法

1.水养方法

（1）选择株型高大而端正的植株脱盆洗根，配以高大直桶形玻璃器皿水养。

（2）剪取带气生根的植株直接插入水中，约15天生根。

2.护理方法

（1）炎热的夏季要增加换水次数，以免根系腐烂，且用清水养。

（2）常用0.1%~0.2%的磷酸二氢钾等叶面肥喷叶面，可使叶色亮丽。

摆放技巧

春羽叶态奇特，耐阴，又可吸收空气中的尘埃，增加负氧离子含量，适宜置于室内厅堂，若光线较强可放置数月之久，较阴暗的可放置2~3周。

绿帝王

别名： 绿帝王喜林芋、丛叶喜林芋

形态特征　绿帝王为常绿木质攀援植物。其茎干节间短粗，直立性差，色浅褐，节间常生不定气根；叶呈莲座状簇生于茎顶部，呈宽箭形或宽披针形，基部呈心形，长柄，由黄绿色渐变为绿色或深绿色，有光泽；花苞佛焰状，色暗红，有时花开并蒂，开花时露出里面的黄色柱头肉穗花序。

花语

万事大吉、生意兴隆

74

习性

喜温暖湿润的环境，喜阴亮散光但忌直射，耐半阴；生长适温20~25℃，冬季不低于10℃。

养护方法

1.水养方法

（1）将根洗净，适当修剪老根后用清水养，水淹没根系的1/3。

（2）待新根萌发后，结合换水，进一步修剪老根。

（3）一般单株水养效果较好。

2.护理方法

（1）炎热的夏季，喷水增加空气湿度，可使叶片浓绿而有光泽。

（2）其叶片大、生长量大，需经常加营养液培养或叶面施肥补充营养。

摆放技巧

绿帝王外形优雅、朴素端庄，又可吸收空气中的尘埃及大量的二氧化碳、释放氧气，增加负氧离子含量，净化空气，可置于会议室、客厅、酒店等处。

金帝王

别名： 金帝皇

形态特征 金帝王为常绿木本攀缘植物。其茎粗短，色浅褐，茎节处气生根发达；叶片呈莲座状簇生，互生革质，上部和心部色金黄，下部老叶转绿或黄绿，有光泽，叶柄长；花呈佛焰状，色暗红，顶部色较淡。

花 语

财源滚滚、富气高贵

习性

喜温暖湿润的环境，喜阴亮散射光但忌强光直射，耐半阴；生长适温20~25℃，冬季不低于10℃。

养护方法

1.水养方法

（1）其茎秆节间短，节间常长出气生根，可剪取带有气生根植株直接水养。

（2）其无明显茎，叶柄长、叶片大植株易倒伏，宜用砂沙、石米固定。

2.护理方法

（1）其生长量较大，宜常换新鲜营养液补充养分，每5天换一次水。

（2）在干燥季节要经常叶面喷水，增加空气湿度，使叶色更有光泽。

（3）用黑石米衬培，可显出富贵而高雅的气质。

摆放技巧

金帝王端庄高雅，又可吸收空气中的尘埃及大量的二氧化碳，释放氧气，增加负氧离子含量，净化空气，置于室内可增加贵气，具有财源滚滚的寓意。

黑美人

别名： 美叶粗肋草、斜纹粗肋草、斜纹亮丝草花、弹簧草

形态特征 黑美人为多年生草本植物。其茎直立，株形不高；叶片茂密，呈长卵形或披针形，色墨绿，有浅绿斑点，叶面随品种变化，叶微皱、面卷曲，酷似黑人的头发，因此得名；夏季能开出小白花。

花 语

欣欣向荣、生机勃勃

习性

喜高温高湿的环境，较耐阴；生长适温20~25℃，冬季最低不得低于10℃。

养护方法

1.水养方法

（1）可直接洗根水养，也可剪取带有气生根的植株水插。

（2）约15天可长出新根。

2.护理方法

（1）炎热的夏季要用较低浓度的营养液或清水养，且要增加换水次数。

（2）叶面要经常喷水，保持较高的空气湿度。

（3）在生长季节喷叶面肥，有利于提高观赏性。

（4）要及时剪除植株下部老化叶片和残根。

摆放技巧

黑美人青葱活力，又可吸收空气中一定量的甲醛、二氧化硫及硫化氢等有害气体，增加负氧离子含量，可置于花架、书架、电脑桌上欣赏，还可美化厨房、洗手间等处。

白雪公主

别名： 白柄粗肋草、绿皇后

形态特征 白雪公主为多年生草本观叶植物。其茎干挺拔；叶呈椭圆披针形，长柄，色鲜绿，镶嵌着黄绿色的斑块，叶脉清晰色白； 花序聚生，肉穗；因叶脉、茎秆、根都是白色的，故名"白雪公主"。

花语

高贵、纯洁

习性

　　喜高温湿润的环境，耐半阴，不耐寒，忌强烈暴晒；生长适温20~30℃，冬季最低不得低于10℃。

养护方法

　　1.水养方法

　　（1）因其根系本身发达且洁白如雪，可直接洗根水养。

　　（2）四季都适合水养。

　　2.护理方法

　　（1）初春需要较强的阳光照射，光线过暗叶片会褪色；盛夏需遮阴，夏季气温高时，还要改营养液为清水养，且要增加换水次数。

　　（2）刚洗好的根，难免带有泥土的影子，先用造型美观的陶土盆水养，待根系更加漂亮后，改用透明器皿水养，其观赏效果更好。

　　（3）叶面要经常喷水，保持较高的空气湿度。

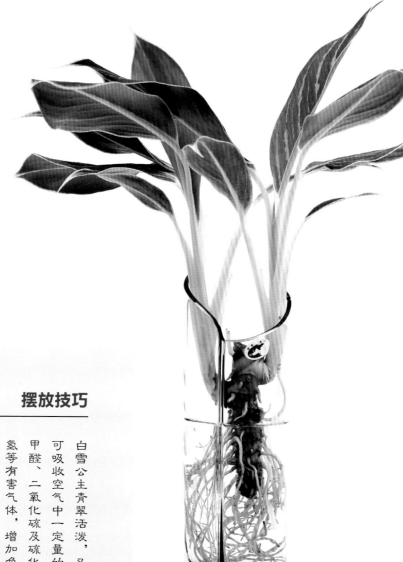

摆放技巧

白雪公主青翠活泼，又可吸收空气中一定量的甲醛、二氧化硫及硫化氢等有害气体，增加负氧离子含量，是夏季室内装饰之首选，可置于客厅、书房、厨房、洗手间等处，并非常适宜点缀室内墙角。

银皇后

别名： 银后亮丝草、银后万年青、银后粗肋草

形态特征 银皇后为多年生草本植物。其茎直立不分枝，节间明显；叶互生，形狭长，基部扩大成鞘状，柄长，色浅绿，叶面有灰绿大条斑。

花 语

仰慕

习性

喜温暖湿润的半环境，较耐阴，不耐寒，不耐旱，忌强光暴晒；生长适温20~30℃，冬季温度不能低于10℃。

养护方法

1.水养方法

（1）适合春夏季脱盆洗根水养，或剪取带有气生根的植株水插。

（2）约15天可生根。

2.护理方法

（1）水养初期要经常修剪黄叶，勤换水。

（2）叶面经常喷水，用0.1%的磷酸二氢钾稀释溶液喷叶面肥，可提高观赏性。

（3）夏季要改用清水养，并置于阴凉环境。

摆放技巧

银皇后清幽独特，又可吸收空气中的甲醛、尼古丁，净化空气，空气中污染物的浓度越高，其净化能力越强；还可吸收辐射，适宜置于通风条件不佳的阴暗房间，或点缀明亮的厅室，也是装饰窗台、书桌、电脑旁、电视旁、厨房等处的最佳选择之一。

玛丽安

别名： 花叶万年青、银斑万年青

形态特征 玛丽安为多年生常绿亚灌木状草本植物。其茎干粗壮直立，少分枝，色灰绿，株形丰满；叶聚生于茎端部，呈椭圆形，先端尖，略波状缘，色深绿，叶面泛布各种乳白色或乳黄色斑纹或斑点，叶缘约1厘米为浓绿色；佛焰花苞，卵圆形，色绿；肉穗花序色淡。

花 语

友谊长青、生机勃勃

习性

喜温暖高湿的环境，忌强光直射，生长适温25~30℃，冬季不可低于8℃。

养护方法

1.水养方法

（1）直接从植株分枝水插，约10天后即可萌发出新根。

（2）还可用脱盆洗根法。

2.护理方法

（1）要放置于有明亮散光处，光线过强会导致叶面粗糙、叶缘和叶尖易枯焦，光线过弱会使黄白色斑块的颜色变绿。

（2）要保持周围环境湿度80％，叶面要经常喷水，否则叶面会变粗糙，失去光泽。

（3）炎热的夏季改用清水养，并增加换水次数。

（4）适当喷洒叶面肥，可使叶色更亮丽。

摆放技巧

玛丽安绿意娉婷，又可增加室内负氧离子含量，净化空气，置于茶几、办公台、桌面等处，既充满生机又舒适。

水晶花烛

别名： 美叶花烛、趾叶花烛、掌裂花烛

形态特征 水晶花烛为多年生常绿草本。其茎短缩，叶呈心形或阔卵形，叶端尖，叶基凹入，色翠绿，叶脉脉纹清晰，色银白；幼时叶片色银紫，后呈暗绿色并有天鹅绒状光泽。

花 语

友谊长青、生机勃勃

习**性**

喜高温多湿的半阴环境，生长适温20~28℃，最低气温不能低于15℃。

养**护方法**

1.水养方法

在春夏季直接脱盆洗根后水养即可。

2.护理方法

（1）炎热的夏季要改用清水养，并经常向叶面喷水，保持空气湿度，忌阳光暴晒。

（2）冬季要注意防冻，气温需保持15℃以上。

（3）在生长季喷洒叶面肥可使叶色更美丽。

摆放技巧

水晶花烛四季绿意盎然、清新幽雅，置于卧室、客厅、书房等处别具优雅。

龟背竹

别名：电线兰、蓬莱蕉、穿孔喜林芋、铁丝兰

形态特征 龟背竹为多年生常绿半蔓性草本植物。其茎粗壮，节多似竹，长有长而下垂的褐色气生根，形似电线，可攀附他物上生长；柄长，色深绿，有叶痕，革质；叶互生，厚革质，色浓绿有光泽，幼时如心脏形，没有穿孔，后为矩圆形，具不规则羽状深裂，自叶缘至叶脉附近孔裂，如龟甲图案；花状如佛焰，色淡黄。

花语

延年益寿

习性

喜温暖湿润的半阴环境，耐阴，不耐干旱，不耐寒，忌强光，若光照过强，叶面会泛黄，生长适温20~25℃，不可低于3℃。

养护方法

1.水养方法

（1）龟背竹对水生环境极为适应，四季都可进行水养。

（2）用整株或保留有完整气生根的枝条直接水养即可。

（3）龟背竹茎干粗壮、叶片硕大，一般用稳重而厚实的器皿水养。

（4）水养前期，根系不漂亮，可用麦饭石等颗粒基质来装饰和固定植株。

2.护理方法

（1）天气干燥时应向叶面喷水，以保持空气潮湿，以利枝叶生长、叶片鲜艳。

（2）炎热的夏季容易烂根，要勤换水，并改营养液为清水养。

（3）发生褐斑病时须及时放到室外阴凉处，用800~1 000倍的喷托布津或多菌灵等防治，以免病情蔓延。

（4）若根系腐烂，应立刻换水，清洗器皿及根系，并用0.05%~0.1%高锰酸钾溶液清洗或浸泡10~20分钟后，再用清水洗净后水养。

摆放技巧

龟背竹奇特可爱，又可在夜间吸收二氧化碳，净化室内空气；中小盆可置于客厅、卧室、书房，大盆可置于宾馆、饭店大厅及室内花园的水池边，颇具热带风光。

迷你龟背竹

别名：袖珍龟背竹、斜叶龟背竹、窗孔龟背竹、仙洞龟背竹

形态特征 迷你龟背竹为多年生常绿蔓状草本植物。其茎细长，匍匐状，直立性差，茎稍扁平；叶为薄革质，色鲜绿，叶缘完整，叶脉偏向一方，叶基部不对称，叶面呈歪斜状，故又名斜叶龟背竹；叶片上分布大小不规则的圆形或长椭圆形的穿孔。

花 语

健康长寿

习性

喜高温高湿的环境，耐阴能力强，不耐低温，生长适温20~28℃，不可低于12℃。

养护方法

1.水养方法

（1）直接将土培的成形植株改为水养。

（2）也可春季修剪枝条水插，约15~20天可萌生新根。

（3）炎热夏季改用清水培养，而且要勤换水，以免烂根。

2.护理方法

（1）因其株形弱小，可取长短不一数枝形成丰满的造型。

（2）叶面经常要喷水，增加周围环境湿度。

摆放技巧

迷你龟背竹其枝蔓纤细，叶形新颖奇特，又可在夜间吸收二氧化碳，释放氧气，净化室内空气。配以迷你器皿，可置于书桌、窗前、案头及阳台花架，也可点缀儿童书房书架。

绿萝

别名： 魔鬼藤、黄金藤、黄金葛、石柑子

形态特征 绿萝为大型常绿藤本植植物。其茎蔓粗壮，细软，茎节上长有气生根，能攀援他物向上生长；叶如心脏形或椭圆形，全缘，色暗绿，质厚具蜡质光彩；叶面上有不规则黄色、灰色斑点或斑块的花叶品种。

花语

齐守幸福

习性

喜温暖湿润的半阴环境，耐寒，耐阴，喜散光忌强光直射，生长适温15~28℃，冬季温度不低于10℃。

养护方法

1.水养方法

（1）整盆或剪带有气生根的小段都可水养，约15~20天可萌发新根。

（2）因其枝叶悬垂，可设支架、木座或采用壁挂器皿水养。

2.护理方法

（1）需经常剪去基部老化的叶片，短截过长的茎蔓和紊乱的枝条，可根据欣赏的需要而造型。

（2）气候干燥时应经常向叶面喷水，提高空气湿度，以利于气生根的生长。

（3）生长期喷叶面肥，可使叶色更加靓丽。

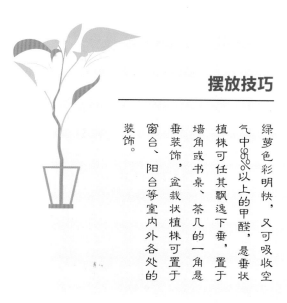

摆放技巧

绿萝色彩明快，又可吸收空气中85%以上的甲醛，是垂状植株可任其飘逸下垂，置于墙角或书桌、茶几的一角是垂装饰，盆栽状植株可置于窗台、阳台等室内外各处的装饰。

澳洲鸭脚木

别名：昆士兰伞木、伞树

形态特征 伞树为多年生常绿乔木。其茎干直立，分枝少，幼时色绿，后呈褐色，平滑；叶为掌状复叶，小叶片呈椭圆形，先端钝，有短突尖，叶缘波状，革质，叶面色浓绿有光泽、革质、光滑无毛，叶背色淡绿，叶柄色红褐有光泽。

花语

希望

习性

喜温暖湿润的通风环境，对湿度要求高，喜明亮光照，生长适温20~30℃，冬季不可低于8℃。

养护方法

1.水养方法

（1）用播种一年生的小苗单株或多株用各色水晶泥培养。

（2）通过摘心处理后稍大一点其株形优美而分枝多的植株，也可用麦饭石加营养液后水养。

2.护理方法

要置于通风良好处，过阴叶片会脱落，过强光照则叶片发白或焦枯。

摆放技巧

澳洲鸭脚木株形优雅轻盈、可爱有趣，适宜置于儿童书架、窗台、洗手台等处装饰。

花叶鹅掌柴

别名：花叶鸭脚木、斑叶鹅掌柴

形态特征 花叶鹅掌柴为多年生常绿木本植物。其主干直立，分枝多，枝条紧密；叶生于茎节处，长柄，掌状复叶，叶较厚，革质，有光泽；叶片色深绿，并布有不规则黄、白斑块。

花 语

自然和谐、郁郁葱葱

习性

喜温暖湿润的通风环境，忌强光直射，生长适温15~25℃，冬季不可低于5℃。

养护方法

1.水养方法

（1）选择生长分枝多、紧凑、株形优美的植株。

（2）将植株老根清洗，剪除部分老化根，将根基部半插于清水中（也可用较强健的枝条水插诱导生根进行培养，但生根较慢）。

（3）植株冠部较大，宜用陶粒固定植株。

2.护理方法

（1）水养初期宜勤换水，可3~4天换一次。

（2）待水生根长出后可加入营养液，可减少换水次数。

摆放技巧

花叶鹅掌柴色彩明丽，可置于有明亮光线的书房的书架、电脑桌及窗台处。

常春藤

别名： 西洋常春藤、土鼓藤、枫荷梨藤、钻天风、三角风、散骨风

形态特征 常春藤为多年生常绿攀援灌木植物。其茎光滑，长有生气根，色灰棕或黑棕；叶革质互生，全缘或三裂，呈三角形状，长柄，幼枝被鳞片状柔毛；花序顶生，呈伞形，花色淡黄白或淡绿白。

花 语

感化、忠诚、
永恒、贞节

习性

　　喜温暖的荫蔽环境，喜光线充足但忌强光直射，生长适温18~25℃，能短暂耐-4~3℃以内的低温。

养护方法

　　1.水养方法

　　在15~20℃的温度条件下，剪取枝条水插，约25天可萌发新根。

　　2.护理方法

　　（1）炎热的夏季根易烂，最好置于阴凉的环境。

　　（2）冬春季水养较好。

　　（3）一般每7天加一次水，切忌将根系全部没入水中。

摆放技巧

常春藤四季常青、姿态优美、叶色秀雅，又可吸收甲醛和苯，置于书架或较高处将其枝条自然披垂，极富诗情画意。

虎耳草

别名： 老虎耳、耳朵红、金钱吊芙蓉、金丝荷叶、石荷叶

形态特征 虎耳草为多年生小型草本观叶植物。其枝细长，匍匐茎，基部会长出丝状的紫色茎蔓，顶端生有小植株，全株密被短茸毛；叶片数枚，基生，近肾形；叶表色暗绿，有明显的宽灰白色网状脉纹，叶背色紫红。

花 语

持续、真切的爱情

习性

　　喜温暖湿润的环境，生长适温15~25℃，较耐寒，可在5℃的低温中过冬，但三色虎耳草耐寒性差，越冬温度不能低于15℃。

养护方法

　　1.水养方法

　　（1）春秋季为虎耳草生长季，选取生长健壮的植株用脱盆洗根法水养。

　　（2）用清水养即可，水面要保持在根茎以下。

　　2.护理方法

　　（1）要保持水环境的洁净，一般约10天换一次水即可，炎热的夏季需要增加换水次数。

　　（2）需置于半阴环境，除冬季外要进行遮阴处理，用较明亮的散射光进行光照处理。

　　（3）气候干燥时，可将瓶株置于水盘中,也可在植株周围喷雾,增加湿度,以利生长。

　　（4）要及时剪除黄萎的基叶。

摆放技巧

虎耳草小巧可爱，可置于高处装饰家居。

铜钱草

别名： 钱币草、圆币草、金钱莲、水金钱

形态特征 铜钱草为多年生匍匐草本植物。其常卷缩成团状，茎细长，节处生根，每一节可长成一枚叶子，并可一直延伸；长柄，缘波状，色草绿；叶呈圆形或似肾形，背面密被贴生丁字形毛，全缘，叶面油亮翠绿，因形似圆币，故又称圆币草、香菇钱；夏秋可开黄绿小花。

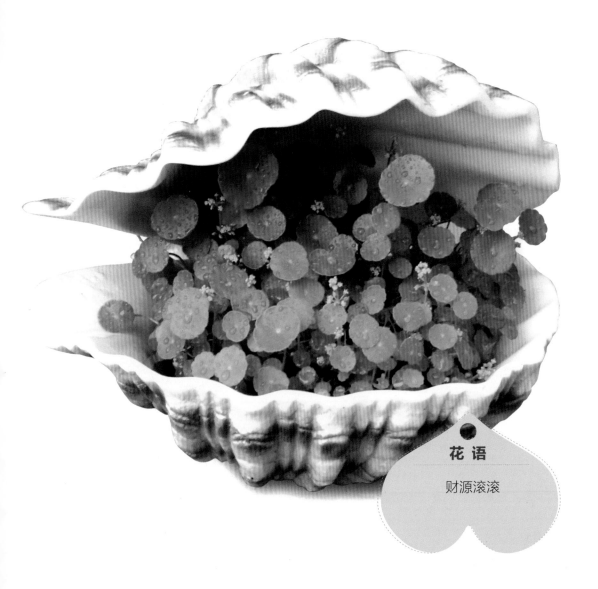

花 语

财源滚滚

习性

喜温暖潮湿的环境，耐阴，稍耐旱，畏寒，生长适温22~28℃。

养护方法

水养一定要每周换次水并加上观叶植物专用营养液。

1.水养方法

（1）直接脱盆洗根或分株后用清水养，前期要勤换水，待根系洁白美观后，可减少换水次数。

（2）植株低矮但株形丰满，用玻璃碗、碟、盘等器皿水养效果较好。

2.护理方法

（1）夏季3~4天换一次水，每次换半盆；冬季7天换一次水，每次换1/3即可。

（2）其生长时极喜阳光，最好将其置于光照充足的户外或者窗旁。

（3）需要经常调整形状，以便整体效果更美观。

摆放技巧

铜钱草叶色青翠、叶形可人，可置于光线较好的阳台、窗台及洗手台等处欣赏。

水竹

别名： 旱伞草、伞草、车草

形态特征 水竹为多年生草本植物。其茎干直立丛生，粗壮，节间长，色青，鞭节间较短，根系发达；叶簇生于茎干顶，呈伞状；开花后叶片仍保持绿色，地下部分不会枯死。

花 语

生命力顽强、果敢坚韧

习性

喜温暖湿润的通风环境，耐半阴，甚耐寒；生长适温15~20℃，不可低于5℃。

养护方法

1.水养方法

春夏秋三季均可用脱盆洗根法、分株法进行水养，水位以浸没根茎部或器皿高度的2/3为宜。

约7天即可萌发新根。

2.护理方法

（1）其对水质要求较高，最好用矿泉水和纯净水，自来水需静置两天。

（2）可先在器皿底部放入卵石等，再放进植株，以确保植株不摇动并在水中不倒伏。

（3）在炎热的夏季，要增加换水次数，将根部粘液冲净，否则容易烂根死亡。

（4）经常用清水喷壶喷淋叶片，生长季也可喷几次叶面肥。

摆放技巧

水竹秀雅自然、茎挺叶茂，可置数丛高低不同植株，留出水面，点缀玩石，置于客厅、书桌等处独有雅趣。

棕竹

别名： 观音竹、筋头竹、棕榈竹、矮棕竹

形态特征 棕竹为丛生灌木植物。其茎干直立，纤细如指，不分枝，叶节包有褐色网状纤维的叶鞘，枝叶茂密，矮小；叶柄细长；叶集生茎顶，掌状，深裂几达基部，有裂片，色浓绿有光泽；花小，色淡黄。

花 语

辟邪、节节高升、平安之意

习性

喜温暖湿润的通风半阴环境，极耐阴，忌水涝，生长适温10~30℃，不能低于5℃。

养护方法

1.水养方法

（1）将其分株洗根后单株或3~5株置于器皿中水养。

（2）因其根系质地较硬，需约一个半月才萌发新根。

2.护理方法

（1）生长期应经常向叶面喷洒水分，高于34℃时，叶片常会焦边，生长停滞。

（2）若光照太弱，易产生黄叶，通风不良易滋生寄生虫。

摆放技巧

棕竹姿态秀雅，又可吸收80％以上的多种有害气体，净化空气，置于客厅、走廊和楼梯拐角极富热带韵味。

袖珍椰子

别名： 矮生椰子、袖珍棕、袖珍葵、矮棕

形态特征 袖珍椰子为多年生常绿小灌木。其茎干细长直立，不分枝，色深绿，上有不规则环纹；叶片互生于茎顶部，羽状复叶全裂，裂片宽披针形，羽状小如镰刀状，色深绿有光泽；春季花期，花呈小球状，色黄。

花 语

生命力

习性

喜高温高湿的半阴环境，耐阴，生长适温20~30℃，13℃进入休眠，不能低于10℃。

养护方法

1.水养方法

（1）选择生长强健的植株，用脱盆洗根法水养即可。

（2）其根系纤细、新根萌发迟缓，老根呈棕色，可用陶粒、麦饭石等固定植株，待萌发新根后，剪除老根，改用清水培养。

2.护理方法

（1）叶面及周围环境要经常喷水，保持交稿的空气湿度；忌阳光直射，否则叶片会枯黄。

（2）生长期每隔2~3周要添加一次营养液，6~8周清晰固定基质，夏季要增加次数。

（3）若长满老根要及时剪除1/3，并及时剪除枯黄叶子。

摆放技巧

袖珍椰子小巧别致、羽叶婆娑，可置于书房、客厅、会议室、宾馆服务台营造南国情调和热带风光。

鸟巢蕨

别名： 巢蕨、山苏花、王冠蕨

形态特征 鸟巢蕨为多年生较大型阴生草本观叶植物。其茎呈根状，短直，密生海绵状须根；叶呈辐射状簇生于茎顶部，中空如巢形结构，呈漏斗状或鸟巢状；叶面宽阔呈披针形，革质，双面皆润滑，叶脉两面稍隆起。

花 语

吉祥富贵、清香长绿

习性

　　喜高温潮湿的半阴环境，忌强光，生长适温20~22℃，不能低于5℃，一般空气湿度保持70%~80%较适宜。

养护方法

　　1.水养方法

　　选择植株较小的单株，采用盆洗根法水养即可。

　　2.护理方法

　　（1）生长期叶面需经常喷水，已保持空气湿度。

　　（2）生长期要及时喷叶面肥，否则叶缘会变棕色。

　　（3）散射光即可，忌烈日暴晒，所以夏季注意避光。

　　（4）夏季约20天换一次水，冬季可延长时间。

摆放技巧

　　鸟巢蕨株型丰满、野味浓郁，又可吸收二氧化碳，释放氧气，净化室内空气，可悬吊于室内充满热带风情，置于客厅、会议室、书房、卧室等处则端庄美丽，打造成假山或庭院树林摆饰则充满野趣。

君子兰

别名： 剑叶石蒜、大叶石蒜、大花君子兰、达木兰

形态特征 君子兰为多年生常绿草木开花植物。其根为粗壮肉质纤维状，色乳白；茎分根茎和假鳞茎；叶从根部短缩的茎上呈二列叠出，呈宽条形，双列迭生，色浓绿；花葶直立，顶生伞状花序，常高出叶面，着生小花十朵至数十朵，形成一大花团，春夏季为主花期；果呈小球形，幼时色绿，成熟变红色。

花语

高贵、思念

习性

喜湿润的通风半阴环境，怕炎热，不耐寒，生长适温15~25℃，能耐0℃以上低温。

养护方法

1.水养方法

（1）取2~3年生生长健壮的植株洗根。

（2）用0.05%~0.1%的高锰酸钾溶液浸泡10分钟，再用清水洗净。

（3）自来水没过根系1/5养，约3天换一次水。

2.护理方法

（1）要注意修剪烂根、老根，约10~15天假鳞茎的基部能萌发新根，水没过根系1/2~1/3，新根长至约5厘米，改用营养液栽培。

（2）花期要及时剪除残花，喷0.10%的磷酸二氢钾溶液，可使植株发育充实，促进花芽分化。

（3）忌强光直射，夏季要遮阴；花期置于低温弱光处可延长半个月花期。

摆放技巧

君子兰文雅隽俊，置于客厅、会议室、办公室、接待室等处颇具君子、大将之风。

球兰

别名： 蜡兰、樱兰、石南藤 、樱花葛

形态特征 球兰为多年生蔓性草本植物。其茎呈蔓性，节间有气根，可附着他物生长；叶对生，肉质肥厚，呈卵形或卵状长圆形，色全绿；花腋生或顶生，花期4~6月，会有球形或伞形花序，由20~30朵星形簇生，花边粉红，花心朱紫。

花 语

青春美丽

习性

　　喜高温高湿的半阴环境，耐干旱，忌暴晒，生长适温为15~28℃，冬季应保持在10℃以上，不可低于5℃。

养护方法

　　1.水养方法

　　将整盆或几枝插入水中水养，约20天可萌发白色水生根。

　　2.护理方法

　　（1）喜散光，忌烈日直射。夏季需移至遮阴处，防止强光直射灼伤叶片，使叶片失绿变黄，严重时会使叶片脱落；若长期置于光线不足处，则叶色变淡，花少而不艳。

　　（2）炎热的夏季直接用清水养。

　　（3）夏季以后多施磷钾肥，在孕蕾开花前适当施些含磷稍多的液肥，如用磷酸二氢钾0.1%的溶液可促进秋花的开放，且每天需要3~4小时充足阳光才能开花。

摆放技巧

球兰可附着其他物生长，任其枝蔓飘逸置于窗下、走廊或书架处特显舒适悠然。

菜豆树

别名： 幸福树、蛇树、豆角树、接骨凉伞

形态特征 菜豆树为小乔木。其根直，皮肥厚，色白；树干皮色黑；叶聚集对生于干顶，二至三回羽状复叶，光滑无毛，呈卵形或卵状披针形，先端尾尖，全缘，叶色油亮翠绿；花序直立顶生呈圆锥状。

花语

勤劳、刻苦、幸福

习性

喜高温多湿、阳光充足的环境，耐高温，畏寒冷，忌干燥，生长适温20~30℃，不可低于8℃。

养护方法

1.水养方法

（1）选用1年生的植株洗根后用陶粒固定植株水养，根系没水2/3。

（2）每周换一次水，待萌发新根后换营养液培植，并定时更新营养液。

2.护理方法

（1）叶面要经常喷洒清水。

（2）夏季用清水培植即可。

摆放技巧

某豆树株型矮小、枝叶浓密充满朝气，适宜置于室内较光线明亮的书架、花架或窗台上。

发财树

别名： 马拉巴栗、、瓜栗、中美木棉、鹅掌钱

形态特征 发财树为常绿灌木植物。其茎直立；叶大互生，长柄，掌状复叶，有小叶5~7枚，呈圆至倒卵圆形，枝条多轮生；花大，花瓣条裂，花色有红、白或淡黄色，花期为4~5月；9~10月果熟，内有10~20粒种子，粒大，不规则形状，色浅褐。

花 语

财源滚滚、兴旺发达、前程似锦

习性

喜温暖湿润的向阳或半阴环境，是强阳性植物，不耐寒；生长适温15~30℃，不可低于5℃。

养护方法

1.水养方法

（1）剪去植株老根，插入潮湿河沙中诱导适宜水生的新根，待新根萌发至1~2厘米取出，置于器皿中用彩沙固定根部，宜露出膨大的基部水养。

（2）也可剪一小段放入水中，约20~25天萌发白色新根，再改用营养液培植。

2.护理方法

要置于室内光线明亮处，否则叶片会脱落。

摆放技巧

发财树叶色亮绿极富观赏性，又可吸收多余的二氧化碳、吸收辐射，净化空气，小型可置于台面、沙发转角茶几处，大型可置于厅堂、过道等处别具中式风格。

罗汉松

别名： 土杉

形态特征　罗汉松为常绿针叶乔木植物。其树冠呈广卵形，主干直立，树皮色灰或灰褐，浅纵裂，成薄片状脱落；枝开展或斜展，叶螺旋状互生，紧密排列，条状披针形，微弯，先端尖，基部楔形，两面中肋隆起，表面色暗绿，背面色灰绿；种子呈广卵形。

花 语

长寿、吉祥开运

习性

喜温暖湿润的半阴环境，耐阴不耐寒性。

养护方法

1.水养方法

（1）可选用一年生的播种苗开始水培。

（2）若株型直立，可选用各类小玻璃瓶或小水杯作器皿，以麦饭石作固定材料水养。

2.护理方法

叶面需经常喷水，可不定期追加稀薄营养液。

摆放技巧

罗汉松葱郁庄重，适宜置于书房、玄关、会客室等处点缀。

121

凤梨

别名： 菠萝花

形态特征 凤梨为多年生单子叶常绿草本植物。其有纤维质须根系，无主根；茎肉质，为螺旋着生的叶片所包裹；叶如剑形，叶片基部常相互紧叠成向外扩展的莲座状，可贮水；花、叶皆具蜡质，柔中带硬富有光泽；花序顶生，状如松球，有许多小花密聚于花茎上，形成粗粗的花穗，花穗先端的苞片成放射状伸展，小花呈星形，有黄、淡绿、粉、白等色。

花语

完美无缺

习性

　　喜高温湿润的半阴环境，可常年置于温暖明亮的室内；生长适温24~27℃，15~40℃皆可生长，冬季不低于10℃为宜，夏季喜凉爽、通风，可稍耐干燥。

养护方法

　　1.水养方法

　　（1）洗净根部泥土，剪除错综交结的老根，保留一半以上比较好。

　　（2）将根基房屋植篮，覆上小号陶粒，再用鹅卵石固定。

　　（3）前三天可将根系全部没水，以后只需1/2没水即可，根茎不可没水。

　　2.护理方法

　　（1）因其根系又细又硬，不易生根，且易病变，最好一天换一次水。

　　（2）叶面要保持洁净，平时不要喷水，叶子向中间屈卷才喷水；不可将水加到花上，喷湿陶粒即可。

　　（3）常用麦饭石或卵石固定并遮掩根系，加营养液培植。

　　（4）其对空气湿度要求较高，忌暴晒；不可置于有空调的室内。

摆放技巧

凤梨灿烂绚丽，又可在夜晚不断吸收二氧化碳、减少电磁辐射，适宜置于客厅、书房等处，也适宜置于节日庆典时客厅、会议室、公司前台、宾馆、酒店等处点缀，增添喜庆感。

图书在版编目（CIP）数据

水养植物养护指南 / 犀文图书编著. -- 北京 : 中
国农业出版社，2015.1（2017.4 重印）
　（我的私人花园）
　ISBN 978-7-109-20080-7

　Ⅰ．①水… Ⅱ．①犀… Ⅲ．①水生植物－花卉－观赏
园艺－指南 Ⅳ.①S682.32-62

中国版本图书馆CIP数据核字（2015）第001470号

本书编委会：辛玉玺　张永荣　朱　琨　唐似葵　朱丽华
　　　　　　何　奕　唐　思　莫　赛　唐晓青　赵　毅
　　　　　　唐兆壁　曾娣娣　朱利亚　莫爱平　何先军
　　　　　　祝　燕　陆　云　徐逸儒　何林浈　韩艳来

中国农业出版社出版

（北京市朝阳区麦子店街18号楼）

（邮政编码：100125）

总　策　划　刘博浩

责任编辑　张丽四

————————————

北京画中画印刷有限公司印刷　新华书店北京发行所发行

2015年6月第1版　2017年4月北京第2次印刷

————————————

开本：787mm×1092mm　1/16　印张：8

字数：150千字

定价：29.80元